感知化学

穿 越 时 间 的 科 学 之 旅

看见化学

贾曌　胡杨　吴丹　王凯 著

清華大学出版社

北京

图书在版编目（CIP）数据

感知化学：穿越时间的科学之旅. 看见化学 / 贾骢等著.

北京：清华大学出版社，2025.1. -- ISBN 978-7-302-67718-5

Ⅰ. 06-49

中国国家版本馆CIP数据核字第20246W8M32号

责任编辑：李益倩

封面设计：薛　芳

责任校对：赵琳爽

责任印制：沈　露

出版发行：清华大学出版社

　　网　　址：https://www.tup.com.cn，https://www.wqxuetang.com

　　地　　址：北京清华大学学研大厦A座　　　邮　　编：100084

　　社 总 机：010-83470000　　　　　　　　邮　　购：010-62786544

　　投稿与读者服务：010-62776969，c-service@tup.tsinghua.edu.cn

　　质量反馈：010-62772015，zhiliang@tup.tsinghua.edu.cn

印 装 者：北京嘉实印刷有限公司

经　　销：全国新华书店

开　　本：185mm×250mm　　　　　　　印　　张：7.5

版　　次：2025年2月第1版　　　　　　　印　　次：2025年2月第1次印刷

定　　价：49.00元

产品编号：096647-01

序　感知化学世界，探寻科学奥秘

——一堂生动有趣的化学通识课

我动笔写这篇文章的时候，秋天已经临近，在收获的季节里五谷丰登、硕果累累，我们又能吃到新粮食和应季果蔬了。你可知道，如果我们不吃或少吃主食、果蔬，身体会发生什么变化？它们当中富含的淀粉和植物蛋白质等，对我们的生长发育会产生哪些影响呢？

由日常饮食说到"麻"和"辣"，你可能会联想到花椒与辣椒，还有它们所引发的"味觉"。然而，严格地讲这其实是一种"触觉"，因为麻是振动的感受，辣是灼烧疼痛的感受。这不是"味道"，竟然变成了美味的秘诀！这是什么道理啊？还有酒、醋、酱油、酸奶和豆腐乳，人们又是施与了食物原料怎样的"魔法"才做成的呢？

如果你有机会参观三星堆遗址，欣赏古文明的璀璨，一定会好奇地追问其起源和年代之谜。可想知道，科学家是如何通过竹炭残渣判断三星堆的年代，又是怎样借助碳的同位素计算出竹子的死亡时间？还有那些铁器和青铜器，它们究竟是怎样制成的？碳、木炭、煤炭和我们现在常常提到的温室效应、碳中和、新能源等，又有着怎样的关联？

上述种种趣味多多的话题，你都可以从这套书中找到答案。

清华大学出版社推出的这套科普图书共四本，包括"触摸化学""品味化学""看见化学""闻到化学"四个主题。它们是从大家熟悉的触觉、味觉、视觉和嗅觉这四种感官入手，带领小读者感知化学世界，探寻科学奥秘。

我觉得这套书最有特色的地方是着力把抽象的知识形象化、艺术化，语言生动活泼，叙述诙谐风趣。作者选取多角度的话题并展开，激发大家的阅读兴趣和创新意识。所选的案例故事都是我们熟悉的事物或现象，并配以富有童趣的特色插画，阐释与之相关的化学知识和科学原理。同时，内容环环相扣，引导小读者在阅读中不断地发现问题，在"真实"的情境下学习、探究，鼓励大家自己动手做实验，尝试解决问题。

从这套书中，你可以看到各种各样的变化、转化和造化。这都是拜神奇的化学所赐。而我们所生活的世界，归根结底都是化学元素的神奇组合：物质的性质，变化的规律；生命的起源，演化的奥秘；缤纷的色彩，点滴的滋味……人类生活中的方方面面，都与化学有着密不可分的联系。

在我看来，化学的奥秘在于"化"，其精髓也在于"化"。化学这门学科所揭示的，正是物质的基本性质及彼此间的交互作用。事实上，就在我们的人体中，各个器官里，时时刻刻都交替进行着许许多多、各式各样的"化学反应"呢。

翻阅这套书，你还可以见识桑蚕与丝绸、棉纺与毛纺、蜡烛与宫灯、玻璃与琉璃、颜料与陶瓷、宣纸与造纸术、年画与印刷术、香料与除臭剂等身边的事物，以及与传统文化、文明发展密切相连的诸多事物。相信你的收获，就像是上了一堂生动有趣的化学通识课。

愿你阅读这套书，开启一次穿越时间的科学之旅，在享受生活乐趣的同时爱上化学。

科普时报社社长、中国科普作家协会副理事长

尹传红

2024 年 9 月 7 日

目　录

1

第一章
炭黑与制墨

松木、石油、豆油、猪油等都可以用来制墨，这些墨的主要成分都是炭黑，但墨的颜色和性质却不完全一样。

1975 年，考古人员在湖北省云梦县睡虎地发现了 12 座秦墓，其中第 11 号墓非常独特，里面没有常见的青铜器，墓主人的四周摆满了竹简。这些竹简上写满了文字。同时，4 号墓还出土了用于在竹简上写字的墨块，这是一个直径约 2.1 厘米、残高约 1.2 厘米的圆柱形纯黑松烟墨，这是目前我国发现的最早的墨的实物之一。

在距今 2000 多年前的秦朝，人们就已经用墨来写字了呀！

古代竹简上的文字能清晰地保存至今，我们墨可是功不可没的。

睡虎地秦简
现藏于湖北省博物馆

这些也是用墨画上去的吗？

对，我们墨的历史可比秦朝更悠久！早在新石器时期，陶器上就出现了用墨记录的各种图案。

这些属于"天然墨"，是大自然中天然存在的、可以用来上色的物质，包括被雷劈过或者燃烧后的树枝、墨鱼汁和漆树汁等动植物的分泌物，还有各种有色矿石等。

被雷劈过或者燃烧后的树枝

墨鱼汁

有色矿石

原来漆树汁氧化就会变成黑色的墨汁呀，难怪有"漆黑"这个词语呢。

漆树汁

相传，周朝有位画家邢夷，他无意中发现木炭可以把手染黑，于是他把木炭磨成粉末，和粥混在一起做成了墨条。这就是最早的人工墨。

这个传说还真有趣！

《述古书法纂》中写到："邢夷始制墨，字从黑土，煤烟所成，土之类也。"现在的"墨"字就是由"黑"和"土"组成的。但是目前考古学家还没有发现周朝的人工墨实物。

乐府
三国 魏 曹植
墨出青松烟，笔出狡兔翰，
古人感鸟迹，文字有改判。

到了秦汉时期，"松烟墨"出现了，就是用松木烧出的烟灰制成的墨。三国时期的大文学家曹植在诗中写道"墨出青松烟"，指的就是这个！

松

松烟

松木燃烧

北宋著名科学家沈括在其著作《梦溪笔谈》中讲到：齐鲁地区的松林已经被砍伐光了，太行山、京西、江南的松山大部分也变得光秃秃了。他发现用石油燃烧后的烟尘制作的墨比松烟墨还好用。

桐树油

豆油

菜籽油

猪油

石油还可以制墨呀！

不光石油，人们发现桐树油、菜籽油、豆油、猪油等植物或动物油脂都可以用于制墨，这种墨叫作"油烟墨"。这些墨虽然来源不同，但是它们的主要成分都是碳元素。

6 C
碳

铅笔芯的主要成分也是碳元素，它和墨一样吗？

不完全一样。铅笔芯中的物质叫作石墨，而墨中的物质却不是石墨而是炭黑。小喵你可别被绕晕啦！虽然石墨和炭黑的主要成分都是碳元素，但是碳原子的排列方式却不一样。

石墨

炭黑

炭黑的结构乱七八糟的，一点儿也不好看。

可不能"以貌取人"啊，炭黑的用途可大了。制墨只是一个小本领，它最大的用途是制成橡胶轮胎。在汽车、自行车轮胎里面加入炭黑，从而提高轮胎的抗撕裂和耐磨能力。这个过程被称作"炭黑补强"。

怪不得轮胎看起来都是黑色的！松木和油脂是怎么变成炭黑的呢？

松木和油脂在氧气不足的情况下燃烧，就得到了炭黑，这个过程叫作"炼烟"。

氧气不足时，松木和油脂燃烧不完全，就会出现滚滚黑烟，这些黑烟就是炭黑颗粒。古人用一块挡板将黑烟挡住，黑烟就会在挡板上沉积，从而积累形成炭黑。

不同的原料燃烧产生的炭黑颗粒大小不同，最终制成的墨也有区别。

挡板

松木燃烧

油脂燃烧

油烟墨颜色较深，富有光泽。古人形容上等的油烟墨是"坚而有光，黝而能润，舐笔不胶，入纸不晕"。松烟墨颜色较浅，光泽度没有那么高。

油烟墨

松烟墨

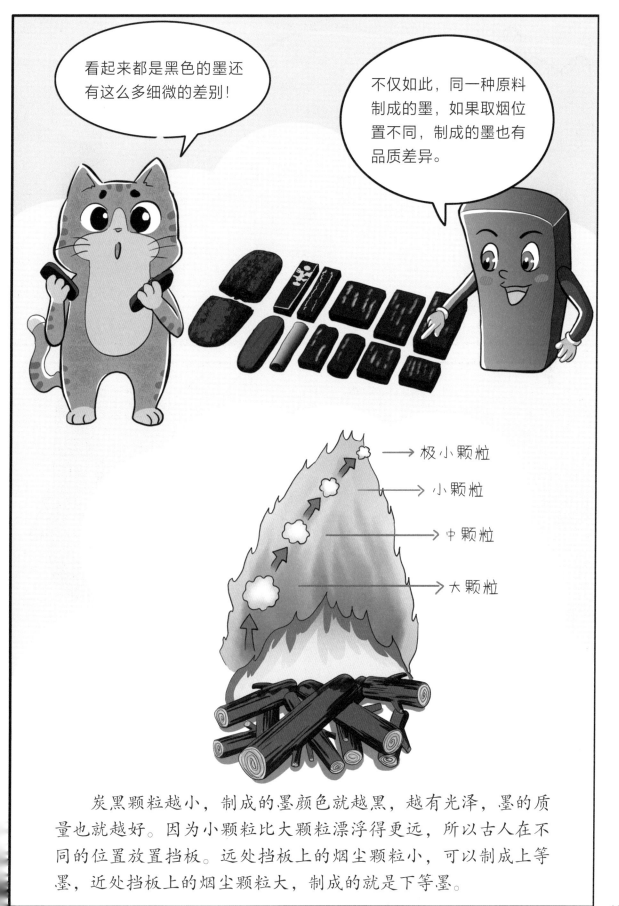

炭黑颗粒越小，制成的墨颜色就越黑，越有光泽，墨的质量也就越好。因为小颗粒比大颗粒漂浮得更远，所以古人在不同的位置放置挡板。远处挡板上的烟尘颗粒小，可以制成上等墨，近处挡板上的烟尘颗粒大，制成的就是下等墨。

真有趣！这有些像用筛子筛面粉。这些收集到的烟尘颗粒就是墨了吗？

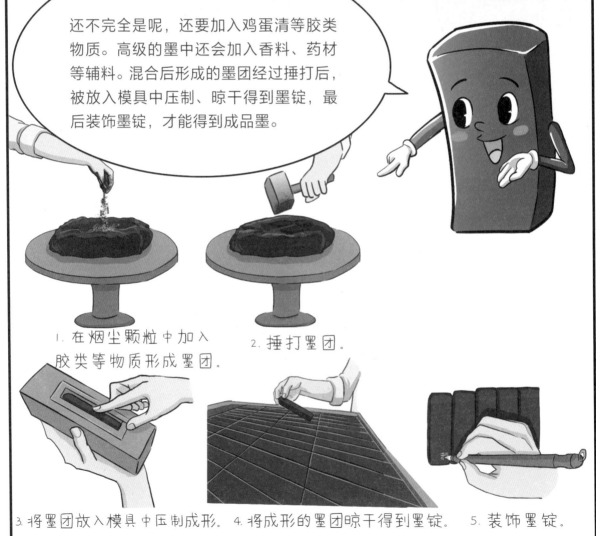

还不完全是呢，还要加入鸡蛋清等胶类物质。高级的墨中还会加入香料、药材等辅料。混合后形成的墨团经过捶打后，被放入模具中压制、晾干得到墨锭，最后装饰墨锭，才能得到成品墨。

1.在烟尘颗粒中加入胶类等物质形成墨团。

2.捶打墨团。

3.将墨团放入模具中压制成形。

4.将成形的墨团晾干得到墨锭。

5.装饰墨锭。

1. 点燃灯盏里的灯草，燃烧灯油。

2. 将点燃的灯盏罩上特制的碗，
   收集烟尘颗粒。

3. 在烟尘颗粒中加入辅料制成墨胚。

4. 反复捶打墨胚。

5. 压制好墨胚，通风晾制，
   制成油烟墨。

这就是传统油烟墨"灯盏碗烟"的制作过程，它是安徽省非物质文化遗产。

不溶于水

水中的炭黑颗粒

本章小问答

问题 1. 铅笔芯和墨水都能写字, 它们的主要成分是同一种物质吗?

问题 2. 为什么同一种原料制成的墨, 取烟位置不同, 制成的墨也有品质差异呢?

问题 3. 为什么在墨中要添加胶类物质呢?

第二章

多彩的颜料

敦煌莫高窟壁画绚丽多彩，具有极高的艺术价值。它所用的颜料背后蕴藏着丰富的化学知识和应用技术！

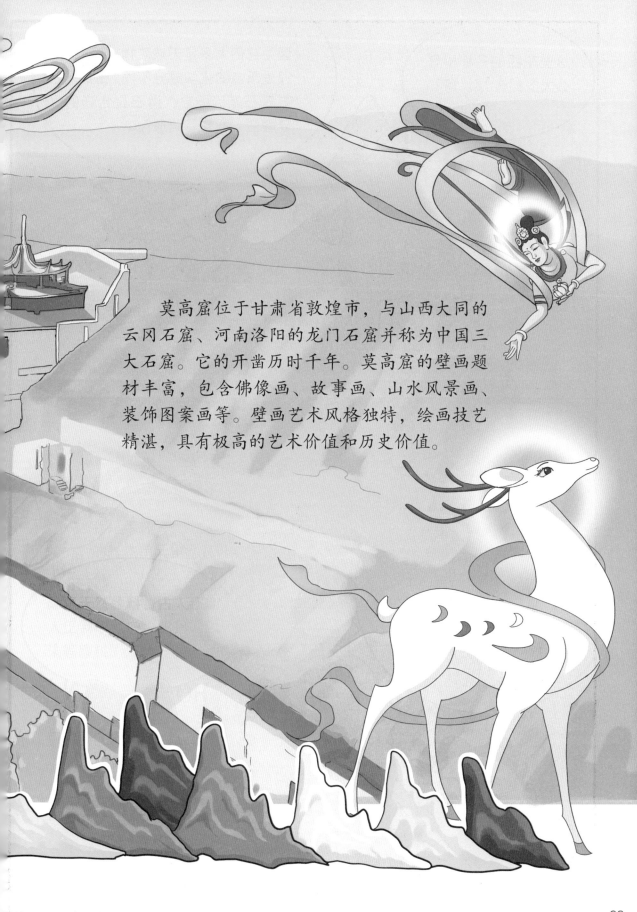

莫高窟位于甘肃省敦煌市，与山西大同的云冈石窟、河南洛阳的龙门石窟并称为中国三大石窟。它的开凿历时千年。莫高窟的壁画题材丰富，包含佛像画、故事画、山水风景画、装饰图案画等。壁画艺术风格独特，绘画技艺精湛，具有极高的艺术价值和历史价值。

铅白在紫外光等的作用下，
会生成棕黑色的二氧化铅。

二氧化铅
PbO₂

铅白

铅白与硫化氢气体接触，
会生成黑色的硫化铅。

硫化氢 H₂S

硫化氢

H₂S

H₂S

铅白

硫化铅
PbS

很多年后

二是铅白在一定条件下会发生化学反应而变色。

噢，起初壁画上的人皮肤是白色的，时间久了，铅白变色，有些皮肤的颜色就变黑了。

在实验室中，可以用双氧水把变黑的硫化铅再变白，但对于壁画等文物，一般不这样处理。因为双氧水并不是把硫化铅再变回铅白，而是发生反应生成了另一种白色物质硫酸铅，并没有复原文物中原有的铅白。

有没有办法可以让壁画复原回白色呢？

双氧水

硫酸铅

硫化铅

不是

铅白

红色颜料也会变色？人物的嘴唇、脸颊、衣服等好多地方都用到红色颜料呀！

除了白色会变色，一些红色颜料也会变色。

如果颜料不变色该多好！

红色颜料也有很多种，比如铅丹、土红、朱砂、朱磦、银朱等。

铅丹　土红　朱砂　朱磦　银朱

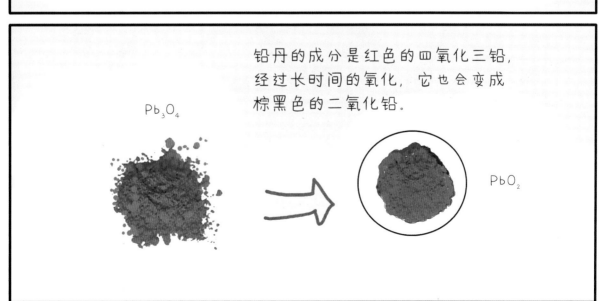

铅丹的成分是红色的四氧化三铅，经过长时间的氧化，它也会变成棕黑色的二氧化铅。

Pb_3O_4

PbO_2

土红的主要成分是红色的三氧化二铁，我们常见的铁锈，其主要成分也是三氧化二铁。

难怪家里的铁锅生锈了，就会出现红红的一层呢。

朱砂、朱磦和银朱的主要成分都是硫化汞，朱砂和朱磦是由天然矿石制成的，而银朱是用汞和硫人工合成的。硫化汞虽然不会氧化变黑，但在长期光照下，由于原子排列方式发生变化，它的颜色会由鲜红色变成深红色。

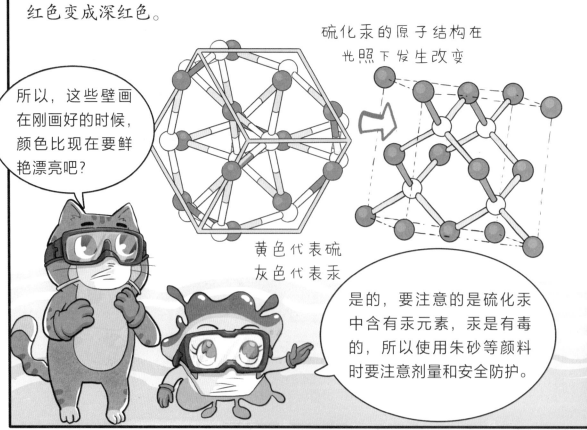

硫化汞的原子结构在光照下发生改变

所以，这些壁画在刚画好的时候，颜色比现在要鲜艳漂亮吧？

黄色代表硫
灰色代表汞

是的，要注意的是硫化汞中含有汞元素，汞是有毒的，所以使用朱砂等颜料时要注意剂量和安全防护。

石青

$Cu_3(CO_3)_2(OH)_2$

阳春石青

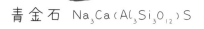

青金石　$Na_3Ca(Al_3Si_3O_{12})S$

氯铜矿　$Cu_2Cl(OH)_3$

石绿

$Cu_2(CO_3)(OH)_2$

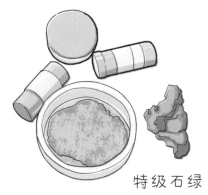

特级石绿

我们再来看看蓝色和绿色的颜料。敦煌壁画所用的蓝色颜料主要是石青和青金石，绿色颜料主要是石绿和氯铜矿。

青金石的主要成分是硅铝酸盐，蔚蓝色，和天空的颜色很接近。古人认为它"色相如天"，因此，它很受古代君王的喜爱。青金石性质稳定，不易变色，是非常珍贵的蓝色颜料。

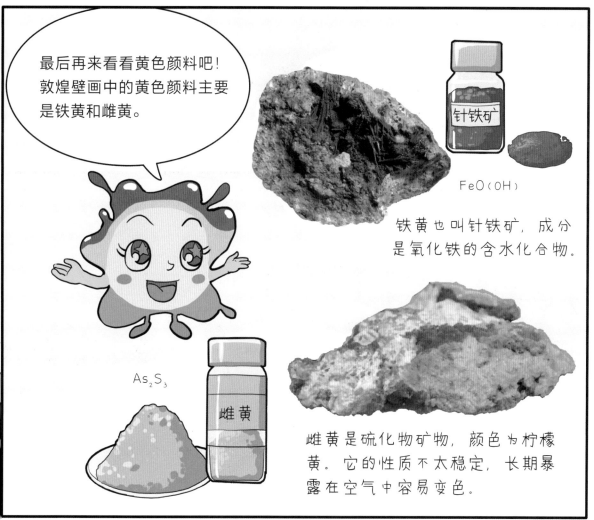

最后再来看看黄色颜料吧！敦煌壁画中的黄色颜料主要是铁黄和雌黄。

针铁矿

FeO(OH)

铁黄也叫针铁矿，成分是氧化铁的含水化合物。

As_2S_3

雌黄

雌黄是硫化物矿物，颜色为柠檬黄。它的性质不太稳定，长期暴露在空气中容易变色。

我听说过雄黄，它和雌黄有什么关系吗？

雄黄和雌黄都是由砷元素和硫元素组成的化合物，也经常相伴而生，只是分子中元素比例略有不同。

雄黄的成分是硫化砷，砷和硫的比例是1:1，雌黄的成分是三硫化二砷，砷和硫的比例是2:3。雄黄经过氧化也可以变为雌黄。

雄黄

氧化

雌黄

雄黄有一定的毒性，所以雄黄酒不可以长期大量饮用哟！

雄黄酒是用研磨成粉末的雄黄泡制的白酒或黄酒，是一些地区端午节的传统饮品。

雄黄酒

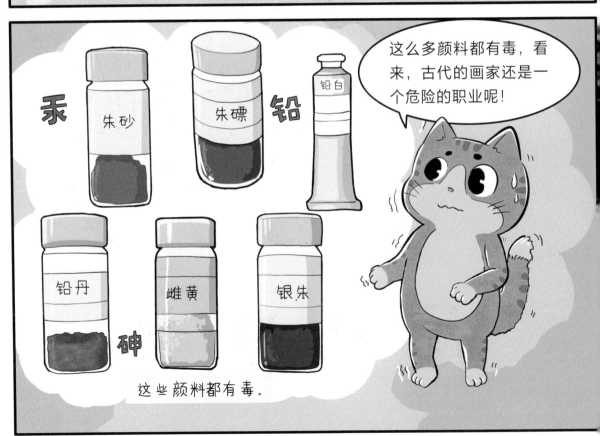

除了上述颜色，敦煌壁画中还有黑色、紫色、灰色、金色等颜色。其中，黑色颜料的主要成分是炭黑，金色颜料是使用了金箔。

金箔

炭黑

6 C
碳

79 Au
金

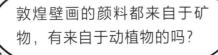

敦煌壁画的颜料都来自于矿物，有来自于动植物的吗？

目前，敦煌壁画的颜料很少被发现是从动植物中提取的，一是因为古时候人们能从动植物中提取的颜料很少；二是动植物颜料稳定性较差，很难保存到今天。不过，科学家还是发现了靛蓝、藤黄、紫胶红色素等有机颜料！

靛蓝是人类所知最古老的颜料之一，主要来自蓼蓝、菘蓝、木蓝等植物。人们常说"青出于蓝而胜于蓝"，这里的"青"，就是指从植物中提取的靛蓝。

蓼蓝

木蓝

菘蓝

$C_{16}H_{10}N_2O_2$

靛蓝

藤黄来自于植物藤黄的树脂，紫胶红色素则来自于紫胶虫的分泌物。

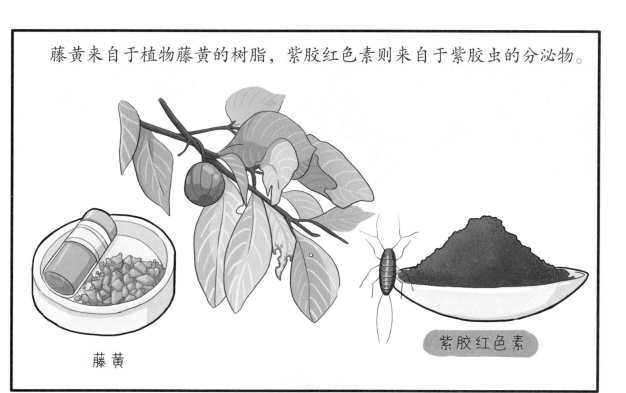

藤黄

紫胶红色素

东汉著名的炼丹术士狐刚子在《五金粉图诀》中记录了"九转铅丹"的制取方法。

说来有趣，关于人工颜料的制取方法，我们要感谢古代炼丹术士的歪打正着。他们认为将矿物炼制加工，就可以制出长生不老的仙丹，还认真地将炼丹的方法记录下来。

除了天然颜料，古人还能人工制取铅白、铅丹、银朱等颜料。

古代的炼丹术士没有炼出真的仙丹，却成了会做实验的"化学家"。

是呢，虽然炼丹本身不科学，但是推动了古代化学的发展，特别是为无机颜料的制取作出了重大贡献。

学了颜料的知识，我感到敦煌壁画太珍贵了。

是啊！我们在参观壁画的时候要牢记：不能触摸、不能开相机闪光灯。尽量减少对壁画的损伤，让流传千年的壁画更好地保存下去！

本章小问答

问题 1: 为什么现在人们不用铅白作为美白化妆品了?

问题 2: 为什么敦煌壁画上有些人物的脸是黑色的呢?

问题 3: 雌黄和雄黄的成分有什么区别?

第三章

纤维素与造纸

我国古代四大发明之一的"造纸术"传播到世界各地，为人类文明的发展做出了重要贡献。

西安灞桥

灞桥纸
现藏于陕西历史博物馆

1957 年，考古学家在陕西省西安市灞桥砖瓦厂发现了一座西汉时期的古墓，墓中出土了 80 多张大小不一的纸片，最大的一张长和宽都有 10 厘米左右，它们被称为"灞桥纸"。据科学家分析，"灞桥纸"比蔡伦造纸的时间还要早 200 多年。不过"灞桥纸"的表面十分粗糙，颜色是浅黄色，还夹杂着很多长纤维束，所以"灞桥纸"是不是真正的纸还存在一定争议。

这些又黄又粗糙的"小纸片"是做什么用的呢？

不要小看它们哟！这叫作"灞桥纸"，很可能是我国出土的最早的纸呢！

甲骨文
现藏于中国国家博物馆

没错！随着人类文明的发展，文字后来又被记录在青铜器、竹简、丝绸等上面。

商朝青铜"亚醜 (chǒu)"钺
现藏于山东省博物馆

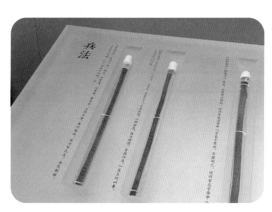

西汉银雀山汉简
现藏于山东省博物馆

金农花卉图
现藏于湖北省博物馆

但是，青铜器太沉，竹简占地方，丝绸又那么昂贵，都不是写字的好材料啊！

到了东汉时期，蔡伦改进了造纸技术，发明了"抄纸法"。"抄"出的纸又光滑、又便宜，被迅速推广开来。

明朝科学家宋应星在《天工开物》一书中详细记录了古代造纸的过程，大体可以分为五个步骤：斩竹漂塘、煮楻足火、荡料入帘、覆帘压纸、透火焙干。

哇，真复杂！

2.煮楻（huáng）足火

4.覆帘压纸

1.斩竹漂塘

3.荡料入帘

5.透火焙干

这些词都是什么意思啊？我一个也听不懂。

别急，咱们一步一步来了解。

第一步"斩竹漂塘"是指砍下竹子，将其放在水池中浸泡一段时间，作为造纸原料。除了用竹子作为造纸原料，人们还用苎麻、稻草、芦苇等，甚至还用破渔网等麻类编织物。

为什么这些都可以用来造纸呢？

因为它们的共同特点是含有丰富的纤维素。

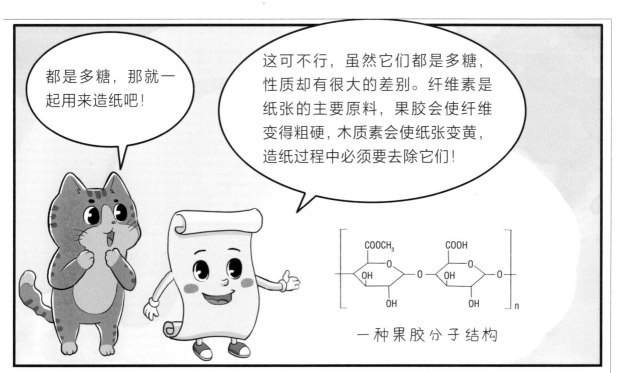

都是多糖，那就一起用来造纸吧！

这可不行，虽然它们都是多糖，性质却有很大的差别。纤维素是纸张的主要原料，果胶会使纤维变得粗硬，木质素会使纸张变黄，造纸过程中必须要去除它们！

一种果胶分子结构

果胶酶

斩竹漂塘一是要洗掉竹子的表皮，将竹子纤维初步分开；二是要去除果胶。

有一些果胶溶于水，很容易去除掉；另一些果胶不容易清洗，可以依靠水中细菌产生的果胶酶将它们分解掉，这个过程也叫作"沤料"。

第二步"煮楻足火"是指把浸泡好的竹子纤维捞出，捶打成碎料，然后把碎料放入水中蒸煮，煮成纸浆。

"楻"是古时候用来煮纸浆的大木桶。

蒸煮的目的是去除木质素。

又不是做饭，为什么要把纸煮熟呢？

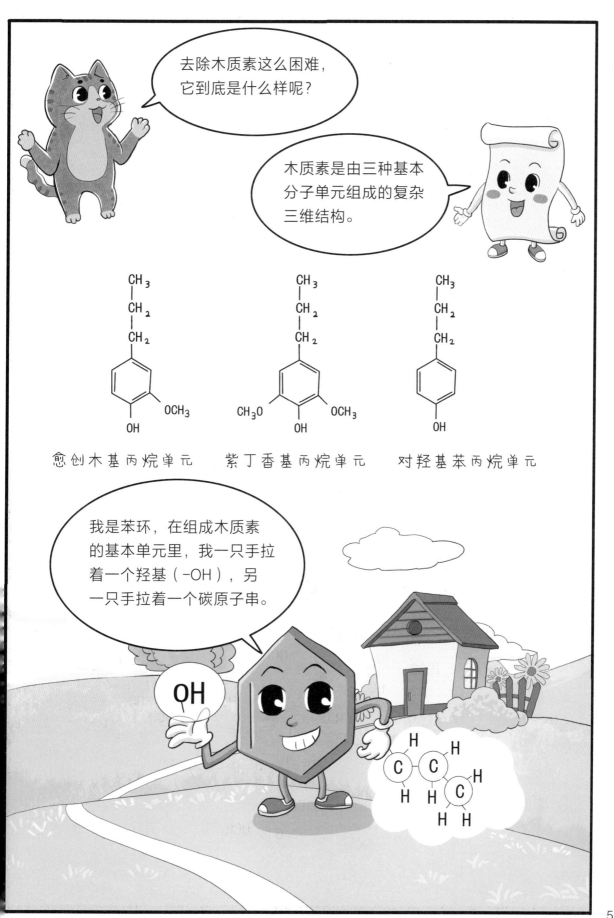

愈创木基丙烷单元　　　紫丁香基丙烷单元　　　对羟基苯丙烷单元

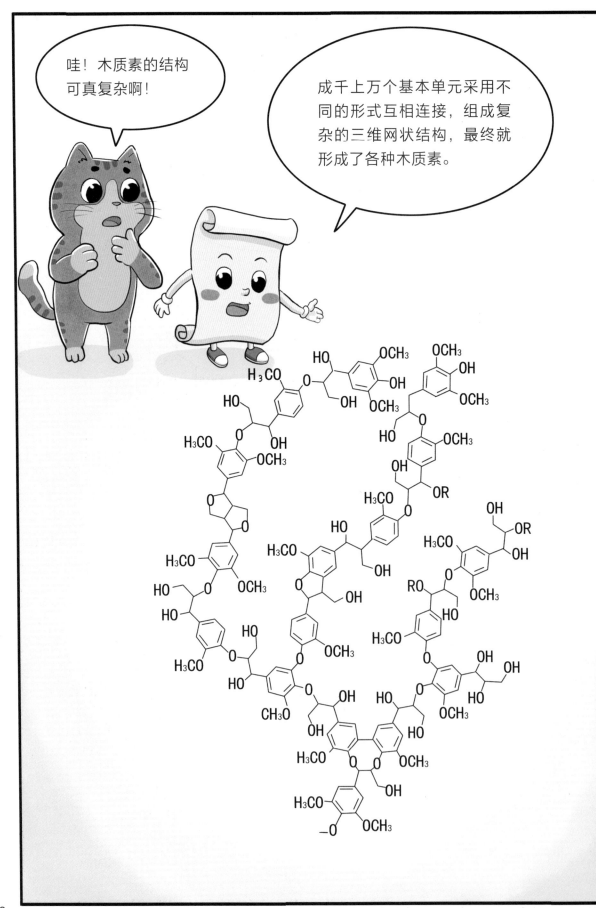

木质素不溶于水，嵌入在纤维素和半纤维素之间，微生物也很难降解它，所以仅靠浸泡和沤料是无法去除木质素的，需要通过高温和化学反应来将它去除。因此，在蒸煮的过程中还需要加入草木灰或者石灰。

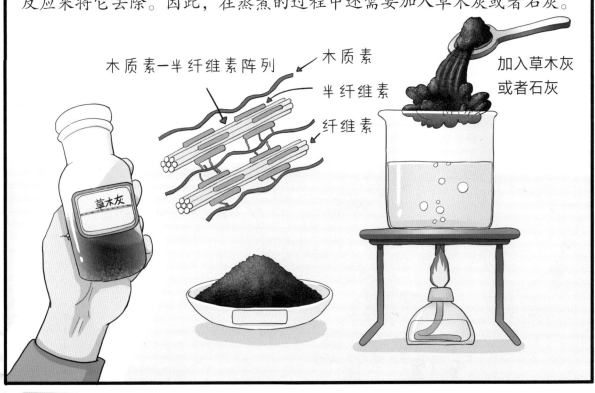

木质素—半纤维素阵列

木质素

半纤维素

纤维素

草木灰

加入草木灰或者石灰

碱性溶液会使木质素中的化学键断裂，生成可溶于水的小分子单体，这样就可以把木质素洗掉了，还能顺便去除果胶。

草木灰的主要成分是碳酸钾（K_2CO_3），呈碱性。石灰的主要成分是氧化钙（CaO），遇到水会反应生成氢氧化钙（$Ca(OH)_2$），也呈碱性。

草木灰和石灰又是什么呢？

第三步"荡料入帘"是指将煮好的纸浆冷却后，把编织得很密的竹帘放入纸浆中，左右荡几下捞起纸浆，过滤水分，形成纸膜。这一步也叫作"抄纸"。

这个过程看起来真有趣，让我试试！

抄纸的过程很考验做工技术，捞起的纸浆量和均匀程度直接影响纸的薄厚和光滑程度。

第四步"覆帘压纸"是指把捞出的纸膜一张张叠好，用木板和石头压紧，挤出水分。

急不得，压纸要慢慢来，刚捞出来的纸膜水分含量高，非常嫩，像一块豆腐，压力过大会把纸压碎，所以要一点点增加压力。

这块石头大，我来搬！

等到无法再压榨出水分后，就进入了最后一步——"透火焙干"。因为压榨并不能把水分完全去除，所以这一步是在炉火边把纸烘干。

我来把这一摞纸搬到炉火边去。

不是一摞纸一起烘干哟，是要把纸一张一张揭下来再烘干。

古人用土砖砌成夹巷来烘干纸张。首先，在夹巷中生火，温度传导到墙面上烘干贴在上面的纸张。然后，等纸干燥后将其揭下来，这样一张纸就造好啦！

咦？这些纸被压得这么瓷实，还能揭得开吗？

哈哈，可以的，看我就能做到！

加入"纸药"

这些纸分开很容易。一是两层纸之间纤维交联比较少，作用力很小；二是在煮纸浆的过程中还会加入"纸药"，减少纤维之间的交联。"纸药"还能帮助纸浆在水中均匀分散，这样抄纸时形成的纸膜也更均匀平整。

更均匀的纸膜

一张纸截面

"纸药"

"纸药"

另一张纸截面

纸也要"吃药"吗？

传统的"纸药"类似于人们吃的中药，都是从植物中提取的，比较常见的是猕猴桃藤、油杉根、毛冬青叶等植物的汁液。

猕猴桃藤

油杉根

毛冬青叶

没想到造薄薄的一张纸要经历这么复杂的步骤呢!

是呀,纸的发明一直在与时俱进。现在,科技的发展又赋予了纸新的用途。

例如,质量轻、强度大的芳纶蜂窝纸,它可以应用在飞机、导弹、火箭等领域。

遇到光、热、电、力信号可以发生伸缩或变色的防伪纸可以应用在纸基传感器等领域。

从古至今，造纸的工艺不断进步，造纸的原料也在不断增多，除了植物纤维，还出现了利用化学纤维制成的各类纸基材料。

利用抗磨损的纤维制成的耐摩擦纸可以应用在车辆、船舶、机械的离合器中。

问题 1："造纸术"是蔡伦发明的吗?

问题 2:《天工开物》中记载的古代造纸过程分

为哪几个步骤?

问题 3: 哪些植物可以作为造纸的原料?

它们的共同之处是什么?

第四章
古今印刷术

正是由于印刷术的不断发展，才会有大规模的图书印刷出版，我们才会从中学到各种各样的知识。

天津杨柳青年画是我国著名的民间木板印绘年画，与苏州桃花坞年画并称为"南桃北柳"。杨柳青年画始于明朝时期，采用木板套印和手工彩绘技术，题材广泛、色彩丰富、形象鲜明活泼、寓意喜气吉祥，深受大家喜爱。2006年，杨柳青年画被列入第一批国家级非物质文化遗产名录。

这些年画可真好看，画家的水平真高，每张都画得一模一样呢。

这些画可不是画家一张一张画出来的，而是用同一个模板，一张一张印出来的，当然长得一样啦！

古代四大发明

造纸术

指南针

火药

印刷术

但是刻字和手写字费时、费力，还容易出现错字、漏字，极大地影响了文化的发展和传播。所以人们发明了印刷术！

印刷术是中国古代科技进步的杰出成就。

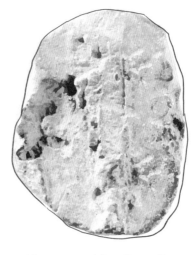

西汉"楚内官丞"封泥　　　　徐州土山彭城王墓封土

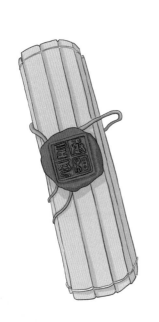

好机智的做法！如果有人偷看文件，泥上的印章就会被破坏掉！

印刷术经历了漫长的发展过程。印章可以算是最早的印刷术，战国时期就已经出现了。那时还没有纸，重要文件、书信都写在竹简上，写好之后，用绳子捆好，在绳子打结处用泥封口，再将印章盖在泥上，这就形成了一封保密的文件。

纸发明出来以后，人们会在纸的接缝处或者文件的封口处印上火漆印章，这样做同样能起到保密的作用。

碑石拓 (tà) 印也是一种早期的印刷术，是指将石碑上刻的文字印下来的方法。

碑石拓印是在刻字的石碑上刷上墨汁，然后将纸贴上去，再把字拓印下来吗？

你的思路是对的，不过把墨汁直接涂在石碑上的话，次数多了就会破坏石碑，所以人们采用了另一种办法。

首先，将白纸铺在石碑上，并用水浸湿，使纸和石碑贴合，这样有字的地方纸就会凹下去。

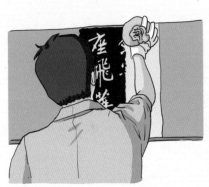

最后再把纸揭下来，这样就得到了一张"印刷"出来的黑底白字的拓本啦！

再用丝绵包扎成的软锤子蘸上墨汁，在纸面上轻轻拍打。没有字的地方会粘上墨汁变成黑色，有字的地方因为凹下去不会沾到墨汁，还是白色的。

真好玩，让我试试！

很多毛笔字帖都是黑底白字，就是用碑石拓印的方法得到的古代书法家的字迹。

練觀察處置等
秘南西道都圓
塔碑銘并序
紫大達法師玄

安國寺上座賜
論引
内供奉
唐故左街僧錄
駕大德
教談

第一步，先在纸上写好一遍书稿。

第二步，将纸反过来贴在木板上。

第三步，工匠师傅照着书稿用刻刀刻出字的形状，制成雕版。

到了唐朝，雕版印刷术出现了。

感觉和在石碑上刻字是一个道理嘛！

第四步，工匠师傅用雕版在纸张上进行印刷。

你再仔细看看，很不一样呢。石碑上的字是正的，是凹下去的，叫作"阴文正字"；而雕版上的字是反的，是凸出来的，叫作"阳文反字"。

真的哦，为什么要反着刻字呢？

凹字模板　　凸字模板

千字文　　千字文

正字　　反字

一会儿你就知道原因啦！接下来把刻好的木板上的木屑冲洗掉，再在木板上均匀涂好墨汁。有字的地方凸起来会粘上墨汁，没有字的地方凹下去不会沾到墨汁。

这一步也和碑石拓印不一样。这次是直接在雕版上涂墨汁。

是呢，雕版不需要长期保存，所以也不用担心被墨汁破坏。然后将白纸覆盖在版面上，用刷子轻轻刷纸面，字就会印在纸上，最后将纸揭下，再把纸反过来，就形成白底黑字的书稿啦。

将白纸覆盖在版面上。

哇，反着刻的字印出来是正的！古人可真聪明！

用刷子轻轻刷纸面，字就会印在纸上。　　将纸揭下，形成白底黑字的书稿。

雕版印刷术在唐朝得到了广泛的应用，唐朝诗人元稹在给诗人白居易的诗集作序中提到"到处都能见到人们拿着印刷的诗集去换茶换酒。"到了宋朝，雕版印刷进入鼎盛时期，北宋的教育机构国子监，光雕版就有十多万块。

模勒是指依照原样雕刻，也指雕刻之文。

"至于缮写模勒，街卖于市井，或持之以交酒茗者，处处皆是。"——元稹

荣宝斋木版水印雕版，
每块都有不同的颜色。

02

荣宝斋木版水印工作
台，国画作品都可以
通过木版水印的印刷
术进行高精度复制。

除了印单色的文字，人们还可以分别在几块雕版的
不同位置涂上不同的颜色，依次印在同一张纸上，
这种方法叫作"多版复色印刷"，也叫作"套版印
刷"。天津杨柳青版画、荣宝斋的木版水印，都是
用这些方法印刷的。

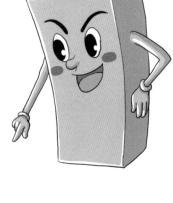

可是一块雕版只能印固定的一页书或者画，如果这本书不再印刷了，这些雕版就没用了吧。

别担心，北宋时期的发明家毕昇也发现了这个问题，所以他发明了更加高效便捷的活字印刷术。你看，我就是一个小活字呀！

大家好，我是毕昇，活字是指每个字单独雕刻，不像雕版那样都连在一起。

每一个汉字单独雕刻。

烧制成一个一个"活字"。

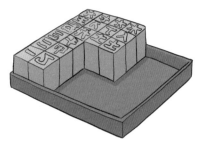

和组词造句一样，组合成各种各样的文章。

黏土也叫作胶泥，它的主要成分是二氧化硅和氧化铝，还有氧化钙、氧化镁、氧化钠、氧化钾等多种金属氧化物杂质。

黏土中还含有很多水分，既有游离的水分子，也有和二氧化硅、氧化铝结合在一起的水分子。

泥活字这么软，一压就扁了，这可怎么印刷呢？

刚刻好的泥活字还不能直接用来印刷，接下来一个关键的步骤是把泥活字用高温加热，也叫作烧结，烧结之后的泥活字就变坚硬了。

让我施展变小魔法，看看烧结的过程到底发生了什么吧！

在温度升高的过程中，黏土中的水分会逐渐蒸发掉。此时的黏土会变得疏松多孔，强度更低，还是不能用于印刷。

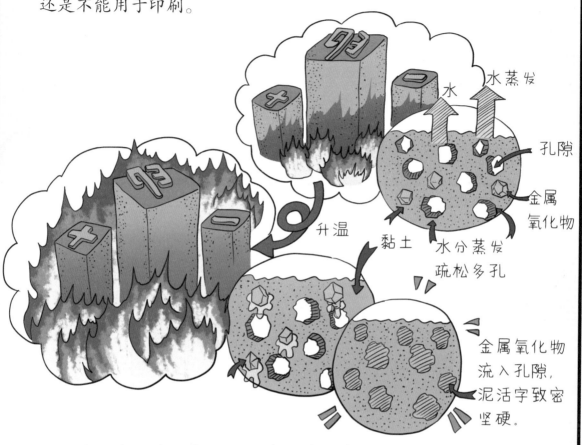

升温

黏土

水

水蒸发

孔隙

金属氧化物

水分蒸发疏松多孔

金属氧化物流入孔隙，泥活字致密坚硬。

再继续加热，由于黏土中的金属氧化物熔点比较低，开始熔化，熔化后流入孔隙之中，并把黏土颗粒黏结起来，此时的泥活字就变得致密且坚硬，可以用来印刷啦。

这种黏土烧结的技术在烧制陶瓷制品时就已经广泛应用，毕昇把这种技术用到了活字印刷中来。

真的变得非常坚硬了！

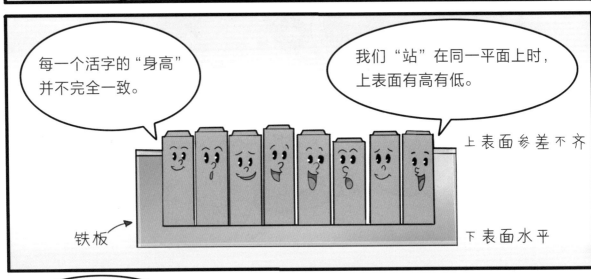

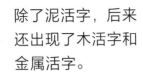

除了泥活字，后来还出现了木活字和金属活字。

到了清朝，活字印刷术繁荣发展，清朝的《武英殿聚珍版程式》使用的木活字超过25万个。

《古今图书集成》这套书的印刷估计使用了上百万个铜活字！

100万是多少个0，我的手指头都快不够用了。

再后来出现了活字打字机，机器逐步替代了手工，但基本流程和毕昇的活字印刷术一样，都是"制作活字—排版—印刷"三个步骤。一直到2000年左右，采用活字技术的中文机械打字机还在使用呢。

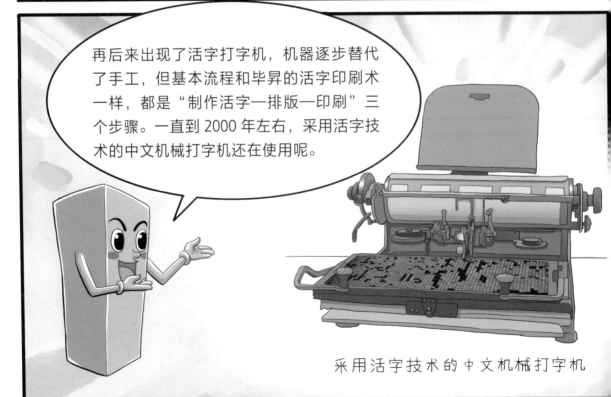

采用活字技术的中文机械打字机

进入 21 世纪，电子技术、信息技术、计算机技术、激光技术、材料技术等不断发展，印刷技术也发生了巨大的变化，现在基本上都是由计算机控制的数码印刷了。

虽然时代在变化，但是印刷术作为中国古代四大发明之一，不仅促进了中国文化的发展，还传到了日本、朝鲜、波斯、埃及、欧洲等地，为世界文明的发展做出了巨大的贡献。

咱们中国可真伟大！

问题 1：碑石拓印和雕版印刷的刻字方法有什么不同？

问题 2：制作泥活字的胶泥主要成分是什么？

问题 3：泥活字在烧结过程中发生了什么变化？

5

第五章
烧制唐三彩

我们常说"陶瓷"，其实陶和瓷并不是一种东西。著名的唐三彩是使用瓷器的原料，在陶器的温度下烧制而成。

唐三彩载乐骆驼俑
现藏于陕西历史博物馆

唐三彩胡人牵马俑
现藏于陕西历史博物馆

唐三彩三花马
现藏于陕西历史博物馆

20 世纪初，河南省洛阳市邙（máng）山脚下的古墓中出土了大量的陶器，这些陶器绚丽多彩，造型丰富，它们就是著名的唐三彩。

哇，这些陶器可真漂亮，流光溢彩，身上的颜色仿佛在流动一般！

这就是大名鼎鼎的唐三彩！你好，我是小陶器，我来陪你领略唐三彩的魅力吧！

三彩？我看这匹马的颜色可不止三种呢！你看有褐、黄、绿、蓝、白等颜色呀！

褐
黄
绿
蓝
白

三彩只是人们习惯的叫法，通常是以黄、绿、白三种颜色为主。唐三彩的颜色种类很多，有单色的、双色的，还有五颜六色的。

三彩低头马
现藏于陕西历史博物馆

唐三彩马
现藏于陕西历史博物馆

唐三彩凤首壶
现藏于陕西历史博物馆

唐三彩真是精美的陶瓷工艺品啊！

陶和瓷其实是不一样的，你知道有什么区别吗？

小问题：

陶和瓷有什么区别？

啊？陶和瓷难道不是一种东西吗？

虽然人们时常把陶和瓷放在一起说，但其实陶和瓷并不是一种东西。首先它们的原料是不同的！

陶器对原料要求比较低，一般含砂粒少、有黏性的黏土就可以，通常含有较多的杂质。

新石器时代彩陶簋 (guǐ)
现藏于陕西历史博物馆

瓷器对原料要求比较高，需要比较纯的高岭土。

五代青瓷提梁倒灌壶
现藏于陕西历史博物馆

高岭土

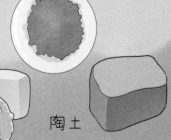

陶土

江西省景德镇高岭村

高岭土是
什么土？

高岭土是一种细腻松软的土，主要成分是硅铝酸盐。由于最初是在江西省景德镇高岭村发现的，所以它被命名为高岭土。纯高岭土是白色的，又叫"白云土"。

高嶺 GAOLING
国家矿山公园 National Mining Park

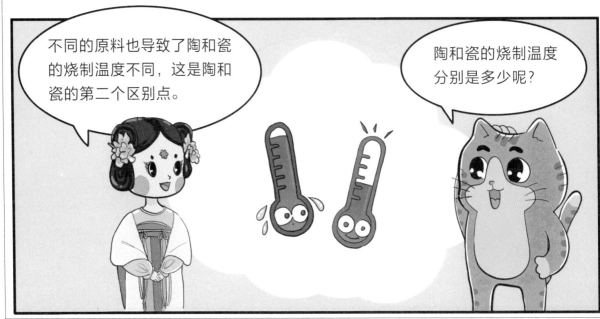

不同的原料也导致了陶和瓷的烧制温度不同，这是陶和瓷的第二个区别点。

陶和瓷的烧制温度分别是多少呢？

陶器杂质含量多，有些杂质熔点低，不耐高温，所以陶的烧制温度比较低，通常在600℃～1000℃。

1000℃还低啊？

低是相对于瓷器的烧制温度而言的。瓷器的原料是比较纯的高岭土，高岭土的熔点高，所以瓷器可以承受的烧制温度就高，通常在1200℃～1400℃。

原来如此！

唐三彩到底是陶器还是瓷器呢？

唐三彩属于陶器，因为它的烧制温度在1000℃左右。不过，唐三彩对颜色和造型的要求比较高，因此也会使用高岭土作为原料。

哦，唐三彩是使用了瓷器的原料，但还是用烧制陶器的温度，所以属于陶器。

非常正确。1000℃左右烧制成的陶器质地比较松脆，容易破损，因此，在古代唐三彩并不是日用品，而主要是用作随葬品。

难怪在古墓中发现了这么多唐三彩。陶器很早就出现了，为什么叫唐三彩呢？

陶器本身历史悠久，但是在陶器上烧制出五颜六色的釉彩，是在唐朝才出现的。

唐朝以前，陶器的颜色单调，只有单色和简单的两色彩陶。

唐朝国力强盛，技术和经济快速发展，制陶工艺也有了很大进步，出现了可以同时烧制多种颜色的技术。

为了区别以前的单色和双色彩陶，这种多色彩陶就叫作唐三彩。

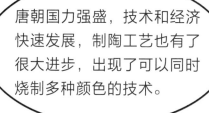

将高岭土与水混合制成泥料。

轮制

雕塑

使用模具

再将泥料塑造成需要的形状。常用的
塑造技术包括轮制、雕塑和使用模具。

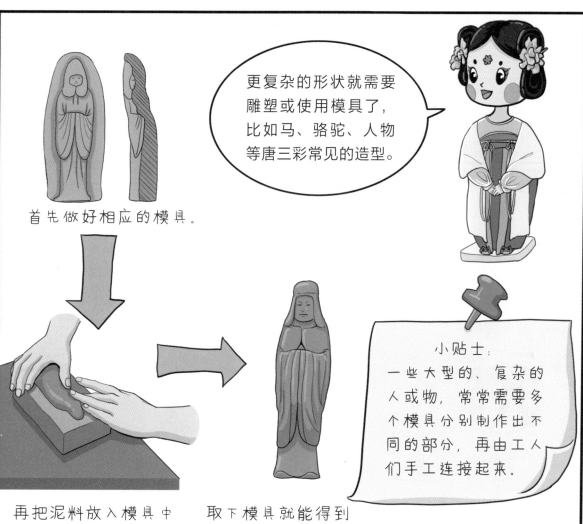

首先做好相应的模具。

再把泥料放入模具中压制成型。

取下模具就能得到一个三彩陶俑。

小贴士:
一些大型的、复杂的人或物,常常需要多个模具分别制作出不同的部分,再由工人们手工连接起来。

制作好形状后，就要进行烧制。烧制的过程和制作泥活字的过程类似。

首先，通过加热，使陶器内部水分蒸发形成多孔，然后继续加热，再使金属氧化物熔化流入孔隙中，把泥土颗粒黏结起来，从而使陶器变得坚硬。

陶器烧制好后，就可以上色了。

终于要上色了，我已经准备好各种颜料啦！

这可不是普通的颜料能做到的。你把陶器和上了色的唐三彩对比看看。

呀，它们不仅颜色不同，手感也完全不一样呢。陶器比较粗糙，上了色的唐三彩非常光滑，摸着像玻璃。

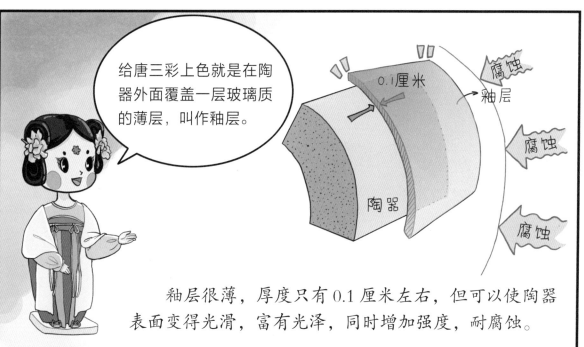

给唐三彩上色就是在陶器外面覆盖一层玻璃质的薄层，叫作釉层。

0.1厘米

腐蚀

釉层

腐蚀

陶器

腐蚀

釉层很薄，厚度只有0.1厘米左右，但可以使陶器表面变得光滑，富有光泽，同时增加强度，耐腐蚀。

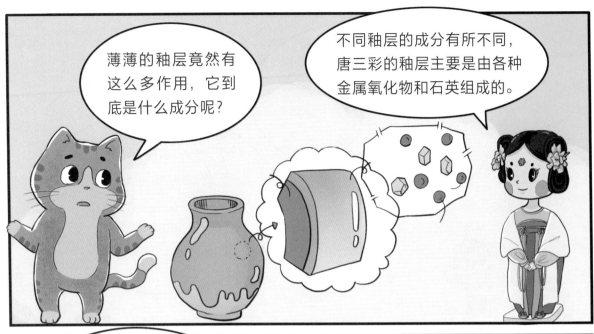

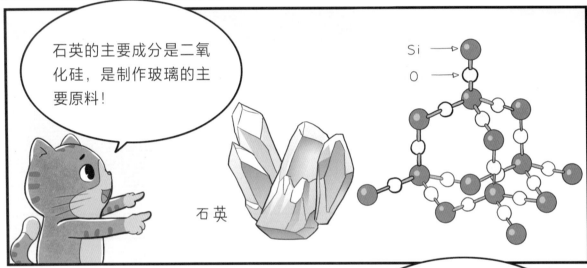

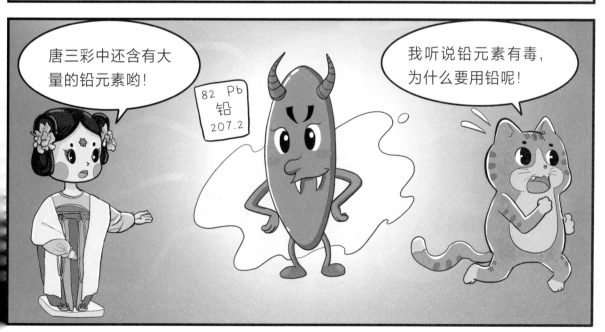

不过，这种流动性也带来一个麻烦，比如人的五官这种比较精细的图案就没法控制了。所以，通常唐三彩在烧制时先不画人物五官，烧好之后再由工匠师傅绘制雕刻上去，这个过程叫作"开脸"。

原来如此，要不然就烧制成大花脸啦！

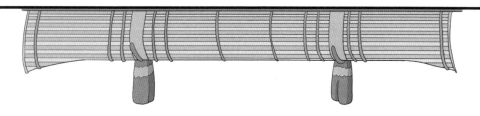

唐三彩陶器传入日本后，在它的影响下，日本出现了奈良三彩陶器。

朝鲜的新罗三彩，就是学习和模仿唐三彩烧制技术产生的。

唐三彩畅销海外，在丝绸之路、地中海沿岸和西亚等地区都出土过唐三彩碎片。唐三彩烧制技术也传播到了周边国家。

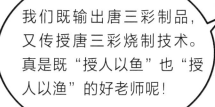

我们既输出唐三彩制品，又传授唐三彩烧制技术。真是既"授人以鱼"也"授人以渔"的好老师呢！

问题 1: 陶器和瓷器有哪些主要区别?

问题 2: 陶器表面的釉层有什么作用?

问题 3: 在唐三彩中加入氧化铅的作用是什么?

第一章

答案 1: 不是。铅笔芯的主要成分是石墨, 墨水的主要成分是炭黑。

答案 2: 远处的挡板上烟尘颗粒小, 近处的挡板上烟尘颗粒大。炭黑颗粒越小, 制成的墨颜色就越黑, 墨的质量也就越好。

答案 3: 一是蛋白质形成的胶体可以帮助炭黑颗粒稳定地分散在水中, 二是胶类物质可以把炭黑颗粒粘在一起, 更容易形成墨团和墨块。

第二章

答案 1: 铅白中的铅有毒, 进入人体后会对大脑、心脏、肺、胃等造成伤害, 所以现在的化妆品中已禁止使用铅白作为增白剂了。

答案 2: 很多壁画上的人的皮肤是用铅白上色的, 一开始都是白色的。铅白在紫外光等的作用下, 会生成棕黑色的二氧化铅; 铅白与硫化氢气体接触, 会生成黑色的硫化铅。所以时间长了之后, 铅白变色, 有些画中人的皮肤就变黑了!

答案 3: 雄黄和雌黄都是由砷和硫元素组成的化合物, 也经常相伴而生, 但是分子中元素比例略有不同。雄黄的成分是硫化砷, 砷和硫的比例是 1∶1, 雌黄的成分是三硫化二砷, 砷和硫的比例是 2∶3。雄黄经过氧化也可以变为雌黄。

答案 1: 准确地说, 蔡伦是改进了造纸术。西汉时期就出现了纸, 到了东汉时期, 蔡伦改进了造纸技术, 发明了 "抄纸法"。

答案 2:《天工开物》中记录了古代造纸的过程, 可以分为五个步骤: 斩竹漂塘、煮煌足火、荡料入帘、覆帘压纸、透火焙干。

答案 3: 竹子、苎麻、大麻、稻草、芦苇等植物都可以作为造纸的原料, 它们的共同特点是含有丰富的纤维素。

答案 1: 石碑上的字是正的, 是凹下去的, 叫作 "阴文正字" ; 而雕版上的字是反的, 是凸出来的, 叫作 "阳文反字"。

答案 2: 胶泥的主要成分是二氧化硅和氧化铝。

答案 3: 温度升高, 黏土中的水分逐渐蒸发, 黏土变得疏松多孔, 强度更低。再继续加热, 由于黏土中的金属氧化物熔点比较低, 开始熔化, 熔化后流入孔隙之中, 把黏土颗粒粘结起来, 泥活字就变得致密且坚硬, 可以用来印刷。

答案 1: 陶器对原料的要求比较低, 一般含砂粒少、有黏性的黏土就可以, 含有较多的杂质。瓷器对原料的要求比较高, 需要比较纯的高岭土。陶器烧制温度比较低, 通常在 1000℃左右, 瓷器烧制温度通常在 1200℃~1400℃。

答案 2: 釉层可以使陶器表面变得光滑而富有光泽, 同时可以增加强度, 减少被腐蚀的可能性。

答案 3: 氧化铅的熔点比较低, 它可以和石英反应, 降低石英的熔点, 这样釉料就可以在烧制时熔化, 从而均匀地分布在陶器表面形成釉层。